JN080770

気象予報士と学ぼう!

天気のきほんがわかる本 ❸

雨・雪・氷 なぜできる?

【文】吉田忠正　　【監修】武田康男・菊池真以

気象予報士と学ぼう!
天気のきほんがわかる本❸
雨・雪・氷 なぜできる?

私たちといっしょに、
楽しく学んでいこうね!

もくじ

武田康男
(気象予報士、空の写真家)

菊池真以
(気象予報士、気象キャスター)

表紙の写真／雨雲とつめたい雨（上左）、朝つゆ（上右）、霜柱（下左）、アイスモンスター（下右）
裏表紙の写真／雪の結晶　　扉の写真／雪国の民家

さまざまに変化する水のすがた

台風が接近！ 急にはげしい雨がふりだし、むこうがだんだん見えなくなってきた。(9月／千葉県)

▲山奥で雪がふりつづいた。木や道路が真っ白になり、見わけがつかなくなった。(3月／群馬県)

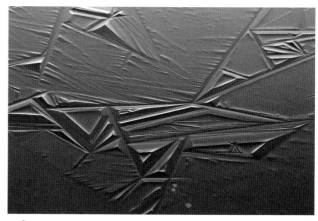

▲冷えこんだ朝、水面にはっていった氷がぶつかって、ふしぎなもようができた。(1月／千葉県手賀沼)

地球は「水の惑星」といわれます。太陽系のなかで地球だけ、表面に液体の水があります。しかもその水は水蒸気（気体）になったり、氷（固体）になったりして、地球上をめぐっています。

空にうかんでいる雲や、そこからふってくる雨や雪、川の流れや海などは、どれもみな水がすがたをかえたものです。水がさまざまに変化することで、地球上の天気がつくられます。

大気中の水蒸気が上昇気流にのって上空で冷やされて雲が生まれます。やがて雲のつぶが成長すると、雨となって地上にふってきます。気温がひくいと雪になり、地上につもります。いっぽう身近でも、水蒸気が水滴になって葉っぱについたり、水たまりの水がこおったり、水蒸気がこおって霜ができたりと、水が変化するようすを見ることができます。

こうして水は、地球上をめぐり、美しい景観をつくっています。とくに日本は、山が多い地形に雨や雪がたくさんふるため、ときには災害をおこすこともありますが、各地で水や氷による美しい風景が見られます。雨つぶがつくる虹や、きれいな雪の結晶なども、そのひとつです。

そうした水のさまざまなすがたを知り、雪や氷についても理解を深めましょう。私も水にめぐまれた日本の風景がすきで、水がつくるさまざまな現象を追いかけて、写真におさめています。　（武田康男）

▲霧が葉について大きな水滴となり、まるくなったり、たれさがったりしていた。（10月／千葉県）

▲富士山のふもとで、おもしろい雲や雪、氷の現象をさがしている武田康男さん。

1章

雨はどうしてふるの？

地球をめぐる水

地球の表面の約70％は、海などの水でおおわれています。このように多くの水でおおわれている星は、今のところ地球以外には見あたりません。

海をはじめ、川や湖、池や沼、水田など、地表に見られる水は、あたためられて蒸発し、水蒸気となって上空へのぼり、高いところで冷やされて水滴（水のつぶ）や氷のつぶとなります。これが集まったものが雲です。小さな水滴や氷のつぶ、すなわち「雲のつぶ（雲つぶ）」は成長し、やがて雪や雨となって、地上に落ちてきます。雨は、地中にしみこんで地下水となったり、池や湖にたまったり、川を流れて海に出たりします。

こうして水はまた蒸発し、雨や雪となって落ちてきて……ということを、すがたをかえ

ながら、たえずくりかえしています。そしてまた、さまざまな気象現象を生みだしているのです。

● すがたをかえる水

地球上にある水は、一部は蒸発して水蒸気となり、上空で雲をつくり、雨や雪となってふたたび地上にふりそそぐ。身のまわりには、さまざまにすがたをかえた水がある。

● 水の３つのすがた

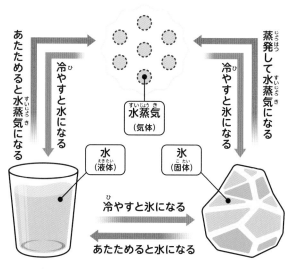

▲水（液体）はあたためられると蒸発し水蒸気（気体）となり、冷やされると氷（固体）になる。このように水は３つのすがたに変化しながら、大気の中をめぐっている。

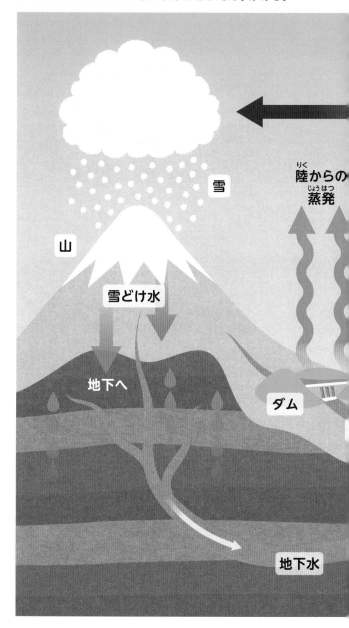

雪

陸からの蒸発

山

雪どけ水

地下へ

ダム

地下水

▲雪どけ水　冬につもった雪は、春になるととけて川をくだる。また山地や平地にふった雨は、地下水や川の水となって、やがて海へとくだる。そのあいだにも、水はたえず水蒸気となって空気中へ出ていく。（6月／長野県上高地の梓川）

▲海上にうかぶ積雲　海の水はあたためられると蒸発し、水蒸気となって上空へあがっていき、雲をつくる。海でよく見られるのが積雲だ。（9月／茨城県の海岸）

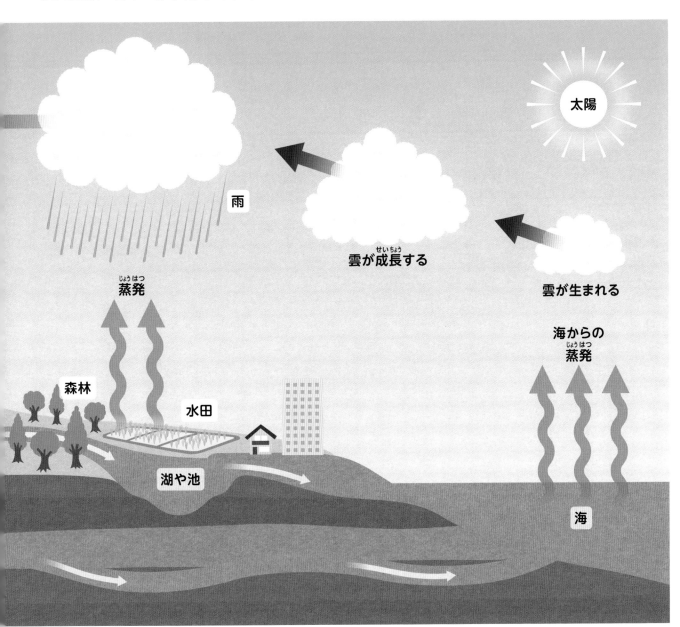

太陽

雨

雲が成長する

雲が生まれる

蒸発

海からの蒸発

森林

水田

湖や池

海

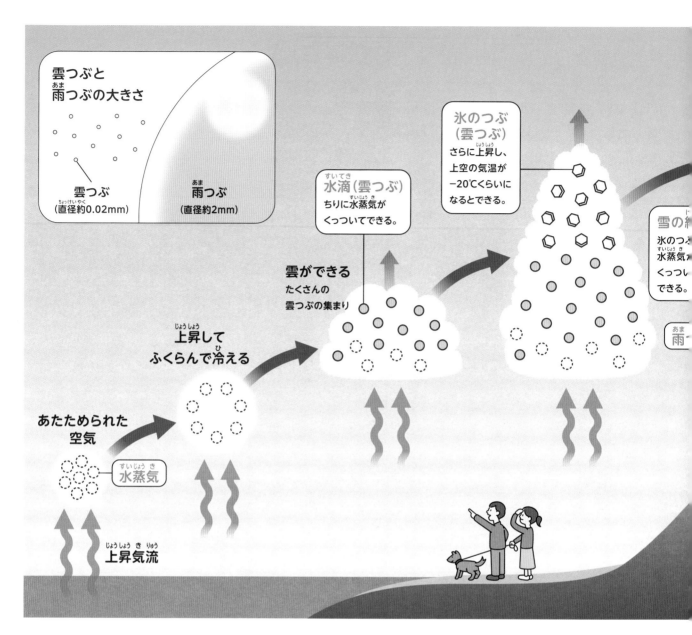

雲つぶと
雨つぶの大きさ

雲つぶ
（直径約0.02mm）

雨つぶ
（直径約2mm）

水滴（雲つぶ）
ちりに水蒸気が
くっついてできる。

氷のつぶ
（雲つぶ）
さらに上昇し、
上空の気温が
−20℃くらいに
なるとできる。

雪の結
氷のつ
水蒸気
くっつい
できる。

雲ができる
たくさんの
雲つぶの集まり

上昇して
ふくらんで冷える

あたためられた
空気

水蒸気

雨

上昇気流

雨がふるしくみ

水蒸気をたくさんふくんだ空気は、上昇気流により上空におくられ、高いところでふくらんで、冷やされます。空気は冷やされると、水蒸気をふくむ量（飽和水蒸気量）が少なくなります。ここでよぶんになった水蒸気は、空気中のこまかなちりのまわりにくっついて、水滴となります。水滴はさらに上昇して温度がさがると、氷のつぶとなります。これらの小さな水滴や氷のつぶが、たくさん集まって雲をつくります。

上空で水滴や氷のつぶとなった雲つぶは、大きくなり重くなってうかんでいられなくなると落ちてくる。それが雨や雪なんだ。

氷のつぶは水滴から出た水蒸気とくっついてさらに成長し大きくなり、雨つぶや雪の結晶となります。これらが重くなって、上向きの空気の流れ（上昇気流）ではうかんでいられなくなると、雨や雪となって地上に落ちてきます。地上付近の、気温が0℃以上だと、雪はとけて雨となります。このような雨を「つめたい雨」といいます。

▲つめたい雨　灰色にたれこめた雨雲から、暗いすじの部分で雨が落ちている。温帯〜寒帯付近でよく見られる氷のつぶからできた雨のふりかた。（7月／千葉県）

● 温度と水蒸気量

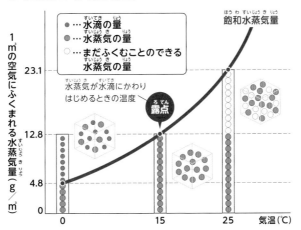

凡例：
● …水滴の量
● …水蒸気の量
○ …まだふくむことのできる水蒸気の量

飽和水蒸気量

水蒸気が水滴にかわりはじめるときの温度 → 露点

縦軸：1m³の空気にふくまれる水蒸気量（g／m³）　23.1　12.8　4.8　0
横軸：気温（℃）　0　15　25

▲ 1m³中に12.8gの水蒸気をふくんだ25℃の空気を、0℃まで冷やしたとき、ふくまれる水蒸気の量は4.8gとなり、その差8gがあふれて水滴となる。これが雲になる。

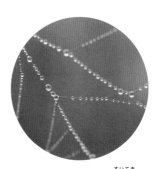

▲クモの糸についた水滴　水蒸気が冷やされて水滴になった。（10月／宮城県）

● あたたかい雨がふるしくみ

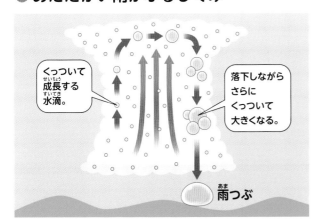

くっついて成長する水滴。

落下しながらさらにくっついて大きくなる。

雨つぶ

▲雲をつくっている水滴は、直径約0.02mm前後。ほとんど落ちることができずに、うかんでいる。これらがくっつきあって、大きくなり重くなると、雨つぶとなって落下する。雨つぶの直径が2mmだとすると、100万倍の重さになっている。

▲あたたかい雨　熱帯地方では、強い上昇気流により、水蒸気が急速に上昇し、上空では水滴どうしがぶつかって大きく成長し、水滴だけでできた雲から雨つぶとなって地上に落ちてくる。大きいものは直径8mmくらいにもなる。（9月／ハワイ）

雨がふりやすいところは?

　雲から雨がふるところは、おもに4つあげられます。それは雲ができる4つの場所とほぼ同じです（➡2巻8〜9ページ）。つまり水蒸気をたっぷりふくんだ空気が上昇気流にのって上空にのぼり、雲をつくるところです。雲ができても、8〜9ページで見たように、雲つぶ（水滴や氷のつぶ）がさら大きく成長しないと雨はふりません。雲つぶが成長するには、大量の水蒸気とそれをおしあげる上昇気流が必要です。それがないと、雲は消えてしまいます。

　水蒸気がたくさんあり、上昇気流が発生しやすいところで積乱雲や乱層雲が発達し、雨をふらせます。それが以下の4つです。

■ 太陽の熱で地面が あたためられたところ

水蒸気をふくんだ空気があたためられ、軽くなって上昇する。上空で冷やされて雲ができ、やがて雲が成長し、雲つぶが雨となって地上に落ちる。

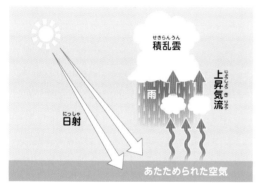

▲しめった空気と強い上昇気流により積乱雲が発達し、にわか雨や雷雨をもたらす。（7月／山梨県）

◀太陽の熱であたためられた地面近くの空気は、軽くなって上昇する。

■ 山の斜面の風が ふきつけるところ

水蒸気をふくんだ空気が山の斜面をのぼり、雲をつくる。この空気がつぎつぎにおしよせると、雲が厚くなり、山の斜面に雨をふらせる。

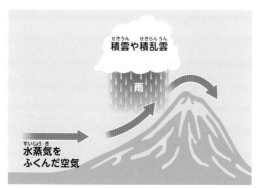

▲山の斜面にぶつかり、積雲や積乱雲ができて雨をふらせる。（8月／群馬県谷川岳付近）

◀水蒸気をふくんだ空気が山の斜面にぶつかり、上昇気流をおこし、厚い雲をつくる。

あたたかい空気とつめたい空気がぶつかるところ

あたたかい空気のほうが強いときは温暖前線ができ、あたたかい空気がつめたい空気の上にはいあがり、雲が発生する。つめたい空気が強いときは寒冷前線ができ、あたたかい空気が上空におしあげられ雲ができる。

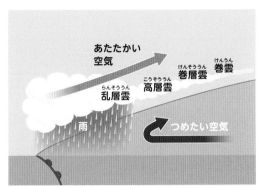

▲温暖前線による雨。つめたい空気の上にあたたかい空気がはいあがる。

▲温暖前線による雨は、しとしととふることが多い。雲は乱層雲。

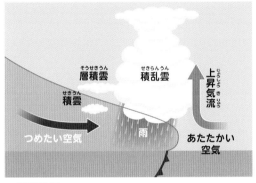

▲寒冷前線による雨。あたたかい空気につめたい空気が下から入り、上昇気流により上空におしあげられ雲が発達する。

▲寒冷前線による雨は、急に雲がおしよせて空が暗くなり、にわか雨をふらせる。雲は積乱雲。

熱帯低気圧の中心付近

まわりから風が反時計まわりにふきこんでくる中心付近は、空気が上昇気流となって上空にふきあがり、そこで冷やされて雲が発生する。雲が成長すると雨をふらせる。

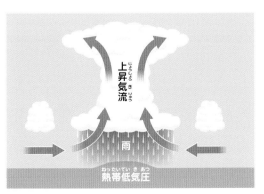

◀熱帯低気圧の中心付近。積乱雲が集まる。

▲熱帯低気圧に集まる雲。太平洋上空の飛行機から。

11

長雨をふらせる停滞前線

あたたかい空気とつめたい空気が、同じくらいのいきおいでぶつかるときにできる前線を停滞前線といいます。一度できるとなかなか移動しないので、長いあいだ雨がふりつづきます。日本では、夏が始まるころに列島の南岸ぞいに停滞する梅雨前線と、秋が始まるころ本州付近に停滞する秋雨前線があります。

梅雨前線は、つめたくしめったオホーツク海高気圧と、あたたかくしめった南の太平洋高気圧がぶつかって動かなくなったときにできます。この前線上に上昇気流がおこり、雲がつぎつぎと発生し、長雨をふらせます。

秋雨前線は、日本列島に夏をもたらした南の太平洋高気圧が弱まり、大陸からのつめたい空気の高気圧とのあいだで、おしあうようになったときにできます。またこの時期に台風が近づいて、大雨になることもあります。

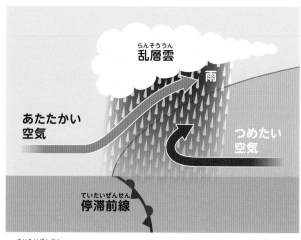

▲停滞前線。あたたかい空気がつめたい空気とぶつかって上昇し、乱層雲や積乱雲ができる。

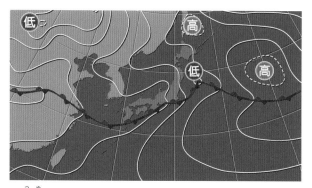

▲梅雨のころの天気図（2021年7月2日）。日本列島の南岸をそうように、停滞前線がいすわっている。

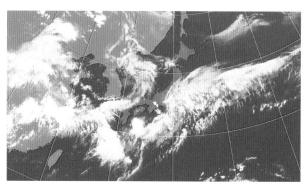

▲左の天気図と同じときの衛星画像。停滞前線による背の高い雲が東西に長くつらなっている。　（提供：ウェザーマップ）

梅雨どきの雲　層積雲、高層雲、積雲（積乱雲）が見られた。

高層雲

積雲（積乱雲）

層積雲

高層雲

乱層雲

秋雨前線のころの雲 高いところに高層雲、ひくいところに乱層雲が見られた。

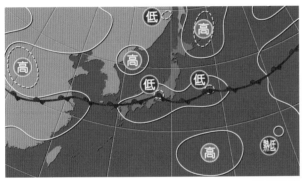

▲秋雨前線のころの天気図（2021年9月2日）。停滞前線が日本列島にいすわっている。長さは3000〜4000km。

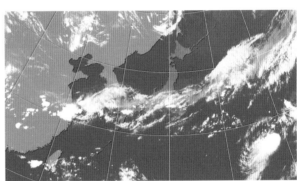

▲左の天気図と同じときの衛星画像。停滞前線にともなう雲が、日本列島を横ぎっている。 （提供：ウェザーマップ）

☁️ （Information） **閉塞前線ってどんな前線？**

低気圧を中心に、温暖前線は南東方向に、寒冷前線は南西方向にのびている天気図をよく見かける。温暖前線のあとを寒冷前線が追いかけているような形だが、実際に寒冷前線のほうが速いので、温暖前線に追いついてしまう。このときにできる前線が閉塞前線。2つのつめたい空気の上にのったあたたかい空気が上昇し、さまざまな雲ができる。ときには積乱雲が発達し、にわか雨や雷雨になることもある。

▶閉塞前線。つめたい空気どうしがぶつかりあい、その上にあたたかい空気がおしあげられて上昇し、さまざまな雲ができる。

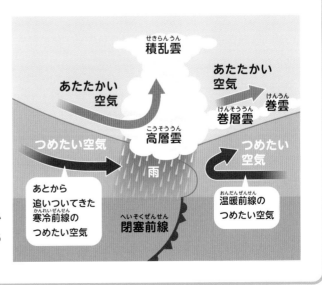

積乱雲

あたたかい空気

あたたかい空気

巻雲

高層雲

巻層雲

つめたい空気

つめたい空気

雨

あとから追いついてきた寒冷前線のつめたい空気

閉塞前線

温暖前線のつめたい空気

温暖前線のつめたい空気

雨の強さとふりかたをしらべよう

雲の中で直径0.01～0.02mmくらいだった雲つぶは、大きくなって直径0.5mm以上に成長すると、雨つぶとなって地上に落ちてきます。雨つぶは落ちながら、たがいにくっついて、さらに大きくなります。

雨のふりかたは、雨つぶの大きさによってことなります。直径0.5mmくらいだと、しとしとふる細かい雨ですが、直径2mm以上になると、どしゃぶりの雨となります。雨つぶの大きさによって、落ちてくる速さもことなります。直径0.5mmの雨つぶは1秒間に2m、直径4mmだと1秒間に10mの速さになります。

雨のふる量もさまざまです。ほとんどの雨は、1時間に10mm以内が多いですが、ときにはそれ以上の雨がふることもあります。気象庁では雨の強さとふりかたについて、右の表のような分類をしています。そしてとくに災害がおこるおそれがあるときは、大雨注意報や大雨警報、大雨特別警報などを発表し、注意や警戒をよびかけています。

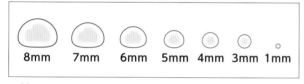

8mm　7mm　6mm　5mm　4mm　3mm　1mm　。

▲ **雨つぶの大きさと形**　雨つぶは大きいほど、落ちるときの空気抵抗が大きくなり、ひらべったくなる。

▲ **弱い雨とは？**　1時間の雨量が3mm未満の雨をいう。そのなかでも、数時間たっても雨量が1mmに達しない雨を「小雨」という（左）。右は3mm未満の地面がぬれるくらいの雨。

霧雨　直径0.5mm未満のとても小さな水滴による弱い雨。ひくい雲からふる。（9月／鹿児島県）

▲**強い雨** どしゃぶりの雨。傘をさしていてもぬれてしまうほど。（9月／岩手県）

▲**はげしい雨** バケツの中の水をひっくりかえしたような雨。道路が川のようになる。（6月／茨城県）

● 雨の強さとふりかた

1時間の雨量と予報用語 人のうけるイメージ	人への影響	木造住宅の屋内	屋外のようす
やや強い雨 10mm以上〜20mm未満 ザーザーとふる。	地面からのはねかえりで足元がぬれる。	雨の音で話し声がよく聞きとれない。	地面一面に水たまりができる。
強い雨 20mm以上〜30mm未満 どしゃぶり。	傘をさしていてもぬれる。	ねている人の半数くらいが雨に気がつく。	道路が川のようになる。
はげしい雨 30mm以上〜50mm未満 バケツの中の水をひっくりかえしたようにふる。			
非常にはげしい雨 50mm以上〜80mm未満 滝のようにふる。ゴーゴーとふりつづく。	傘はまったく役にたたなくなる。		水しぶきであたり一面が白っぽくなり、視界が悪くなる。
もうれつな雨 80mm以上 息苦しくなるような圧迫感がある。恐怖を感じる。			

（気象庁ホームページをもとに作成）

15

雨雲の動きをとらえよう

　天気はいつも気になりますね。「今日は雨がふるかな?」とか。今、雨がふっていたら、「雨はいつごろあがるのかな?」とか。とくに出かける用事があるときは、なおさらです。

　おおよその天気の予報なら、テレビやラジオの天気番組や新聞の天気欄を見ればわかります。それでも実際には、具体的にこの場所は? 1時間後は? と、もっと細かい予報がほしくなります。

　そんなときは、空の雲を見ましょう。高いところにうすい雲があるときは、まずだいじょうぶですね。ひくいところに灰色の厚い雲があるときは、雨は近いでしょう。また雨がふっていても、あたりがうっすらと明るくなってくると、まもなく雨はあがるでしょう。

　もっと正確に知りたいときは、気象庁のホームページ「雨雲の動き（ナウキャスト）」があります。みなさんがくらしている町の上空の雨雲のようすも、5分ごとに1時間先まで予報しています。

　また同じ気象庁のホームページ「今後の雨（降水短時間予報）」では、1時間降水量の予報を15時間先まで出しています。このほかにも、インターネットで「tenki.jp」や「Yahoo!天気・災害」などでしらべることができます。

　外出するときや屋外でスポーツをするとき、また大雨の危険があるときなどに役だつので、いつでも見られるようにしておきましょう。

▲灰色の雨雲が近づいてきた。急な強い雨に注意。（4月／千葉県）

▲黒っぽい雨雲がおおいはじめた。低気圧が近づいてきている。（5月／茨城県）

まず空を見て、雲の種類や動きを観察しよう。このあとどうなるかをしらべるにはスマートフォンが便利。

▲灰色の雨雲でおおわれた空が、なんとなく明るくなってきたら、天気は回復へむかいそうだと判断できる。（10月／埼玉県）

● 今すぐの天気は「雨雲の動き（ナウキャスト）」で

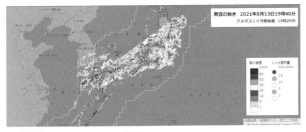

▲陸上で250mごとの雨雲の動きを、5分おきに1時間先まで予報している。

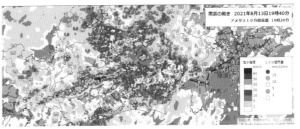

▲画面を大きくすると、くわしい地図の上でしらべることができる。

● これからの天気は「今後の雨（降水短時間予報）」で

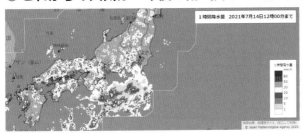

▲現在の雨雲のようす。降水量の予報を、15時間先まで1時間間隔で出している。

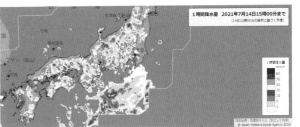

▲3時間後の雨雲のようす（予想）。

● 降水量は「アメダス」で

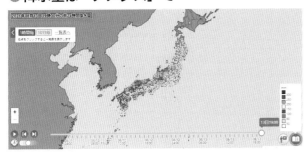

▲アメダスで2日前からの降水量をしらべることができる。

▲画面を大きくすると、全国の観測所の降水量を読みとれる。

● かみなり情報は「雷ナウキャスト」で（スマートフォンの画像）

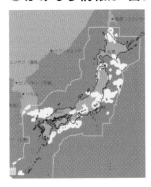

▲全国的にかみなりが発生しやすいことがわかる。

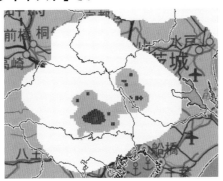

▲画面を大きくすると、とくにかみなり活動が大きい地点がわかる。

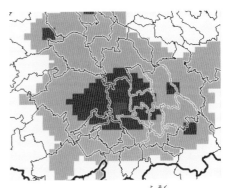

▲10分ごとに60分後まで予測するので、雷雲の動きも予想することができる。

（このページの画像：気象庁ホームページより）

かみなりはどうしておこる?

　夏の強い日差しをうけて地面があたためられると、しめった空気が上昇し、上空にぽかりぽかりと積雲がうかびます。積雲ははげしい上昇気流によりさらに大きく成長し、積乱雲になります。その高さは5000～1万5000mに達します。

　積乱雲の中では、氷のつぶどうしがぶつかったり、こすれあったりして、静電気が発生します。小さい氷のつぶはプラスの電気をおびて、雲の上のほうにたまり、大きい氷のつぶはマイナスの電気をおびて、雲の下のほうにたまります。このプラスとマイナスの電気のあいだで電気が流れ、電光（いなずま）が走ります。さらに地表にはプラスの電気がたまり、地表と雲のあいだに放電がおこります。このときピカッという電光と、ゴロゴロいう雷鳴をともなって落雷がおこります。

　かみなりは太平洋側では、おもに夏におこりますが、日本海側では、おもに冬に発生します。大陸からのつめたい空気と、対馬海流によってあたためられた空気がぶつかり、大気の状態が不安定になっておこるのです。

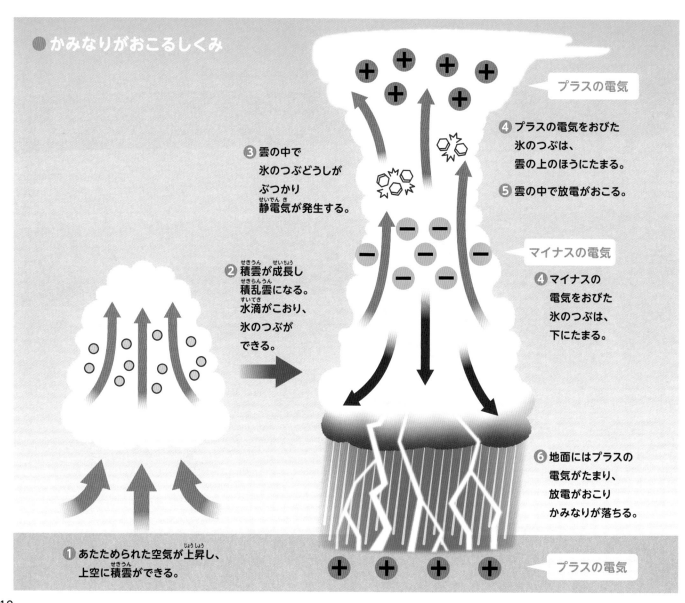

● かみなりがおこるしくみ

プラスの電気

❸ 雲の中で
氷のつぶどうしが
ぶつかり
静電気が発生する。

❹ プラスの電気をおびた
氷のつぶは、
雲の上のほうにたまる。

❺ 雲の中で放電がおこる。

マイナスの電気

❹ マイナスの
電気をおびた
氷のつぶは、
下にたまる。

❷ 積雲が成長し
積乱雲になる。
水滴がこおり、
氷のつぶが
できる。

❻ 地面にはプラスの
電気がたまり、
放電がおこり
かみなりが落ちる。

❶ あたためられた空気が上昇し、
上空に積雲ができる。

プラスの電気

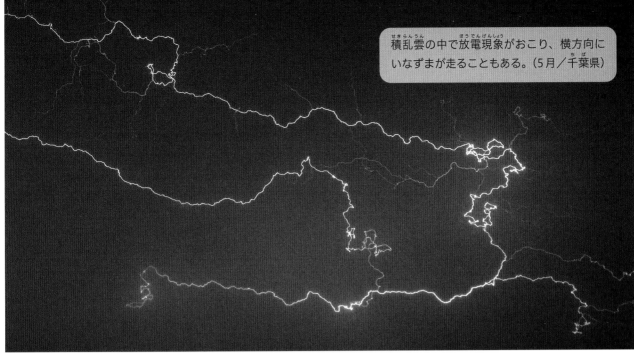

積乱雲の中で放電現象がおこり、横方向にいなずまが走ることもある。（5月／千葉県）

▲雲の底と地上のあいだで放電現象がおこり、かみなりが落ちる。いなずまはたて方向に走ることが多い。（5月／栃木県）

▲木にかみなりが落ちて、木がさけた。大きな音とともに、いっしゅんで木が燃えることもある。（夏／千葉県）

Information　かみなりから身を守るには

　かみなりは出っぱったものに落ちやすい。たとえば木や電柱、ときには人に落ちることもあるので、かみなりの音が鳴ったりいなずまが光ったりしたら、建物の中や自動車の中に避難すること。近くに避難するところがなかったら、しゃがんで背をまるめるなど、できるだけ体を小さくして、耳をふさぐこと。近くに木があったら、頂点から45°のはんい内で、幹から4m以上はなれよう。

　ちなみに、かみなりが光ってから音がするまでの秒数をはかり、それに音の速さの340m/秒をかけると、かみなりまでの距離がだいたいわかる。

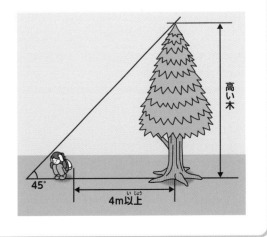

虹はどうしてあらわれる?

　雨あがりの夕方など、東の空に大きな虹がかかるのを見たことがあるでしょう。何かいいことがおこるような気がして、うれしくなりますね。ところでこの虹は、どうしてできるのでしょう?

　雨があがっても、遠くではまだ雨がふっています。そこに太陽の光がさしこむと、まるい水滴のつぶが光を分散させて7色の虹として見えるのです。水滴が大きいほど、虹の色はくっきりと見えます。

　虹の帯は外側が赤で、内側にむかってだいだい、黄、緑、青、あい、紫となっています。それはどうしてかというと、太陽の光は水滴の中で色ごとに屈折する角度がことなるため、赤は外側に、紫は内側に見えるのです。

　虹をよく見ると、その外側にうすい虹がかかっていることがあります。はっきり見える虹を主虹、うすい虹を副虹といいます。副虹をよく見ると、赤が内側に、紫が外側に見えます。主虹は太陽の光が水滴の中で1回だけ反射するのに対し、副虹は2回反射し、水滴からの出かたがちがうからです。

●光を分散させるプリズム

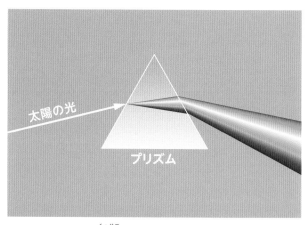

▲光は色によって屈折する角度がことなるので、プリズムに光を通すと、赤から紫まで光をさまざまな色に分散させる。

主虹　雨あがりの夕方、とくに夕立のあとなど、東の空に大きな虹がかかることがある。(5月／千葉県)

● 虹の見えかた

太陽とは反対の方向に見える。太陽の光が水滴の中に入り、反射して虹色に見える。

主虹の外側に
副虹が見えたら、
色の順が主虹とは
逆になっているので、
くらべてみよう。

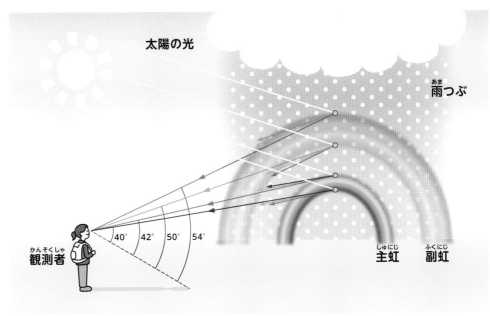

太陽の光

雨つぶ

40° 42° 50° 54°

観測者

主虹　副虹

◀ **主虹と副虹**　はっきりした主虹の外側に、うっすらと副虹が見えることがある。（9月／山梨県）

▼ **白虹**　水滴が小さいとき、水滴の中で光が色に分かれにくいため、白く見える。水滴が小さい霧や雲に見られることがある。（8月／山梨県山中湖）

朝つゆの中に
虹を発見！

◀ ▲太陽を背にして、水滴（朝つゆ）を見る。位置を少しずつかえていくと、水滴の中に、ふたつのかがやきが見える。これが主虹と副虹のかがやきだ（上の丸写真）。水滴（朝つゆ）がかがやいているところに、カメラをかまえてピントを動かすと、7色の虹が見えてくる（下の丸写真）。

21

雪はどうしてふるの？

雪がふるしくみ

これまで雨がふるしくみ（➡8〜9ページ）について学んできました。雪が生まれるのは、雨ができるのと同じしくみで、気温がひくくてとけなかったものです。

空気中の水蒸気は、上昇気流にのって上空にはこばれ、そこで冷やされて水滴となり、雲をつくります。水滴はさらに上昇し、温度が0℃から−40℃で氷のつぶとなります。氷のつぶは、水蒸気とくっついて成長し、雪の結晶が生まれます。雪の結晶は水滴や他の結晶どうしとくっついて、さらに成長し、雪片となることもあります。

そして雪片が重くなって、上昇気流ではささえられなくなると、地上に落ちてきます。そのなかには雪の結晶のまま落ちてくるものもあります。とちゅうで水滴がたくさんくっついて、雪あられになることもあります。

地上の気温が1℃〜2℃以下だと、雪として落ちてきますが、気温が高いと、雪はとちゅうでとけて雨になります。

▲雪雲がせまる日本海側の空。大陸からのつめたい風が日本海をわたるときに、海から水蒸気をすいあげて、雪雲をつくってやってくる。（1月／石川県）

日本海側の豪雪地帯 雪国は何日も雪がふりつづくことがある。（2月／岐阜県白川郷）

● 雪の結晶が生まれるところ

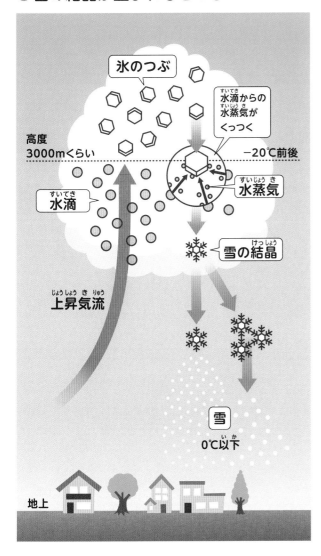

氷のつぶ

水滴からの水蒸気がくっつく

高度
3000mくらい

−20℃前後

水蒸気

水滴

雪の結晶

上昇気流

雪
0℃以下

地上

▲細かくさらさらした粉雪　地表付近の気温がひくいとき（0℃以下）、雪の結晶がそのままふってくる。（3月／栃木県日光市）

▲わた雪・ぼたん雪　地表付近の気温がやや高いとき（0℃〜4℃くらい）、雪の結晶などがいくつもくっついた雪片が落ちてくる。（1月／千葉県）

▼大きめの雪（雪片）は回転し、小さな結晶は大きくゆれてふっている。夜に光（フラッシュ）を連続8回あてて撮影。

雪の結晶は六角形

高い空の氷点下の気温のなかで、水滴や水蒸気がこおって氷のつぶとなり、さらに水蒸気がたくさん氷のつぶとくっついて、小さな雪の結晶ができます。そして雪の結晶が重くなって地上に落ちてくるとき、そのあいだの気温や水蒸気の量により、さまざまな形やもように成長します。

物理学者の中谷宇吉郎（➡27ページ）は、雪の結晶を観測し、そこには上空の気温や湿度など、大気の状態がきざまれていることをときあかしました。

雪の結晶のきほんの形は六角形です。気温によって横に広がる角板状と、たてにのびる角柱状とあります。また水蒸気の量によって、角板状のタイプは扇状、樹枝状へと成長します。角柱状のタイプは細長い針状に成長します。雪の結晶というと、すぐに思いうかぶのは、六角形に枝がのびた樹枝状ですね。これは−14℃前後で、水蒸気がたくさんあるときにできます。

● **雪の結晶** 気温や水蒸気の量により、さまざまな形となる。0℃〜−4℃と−10℃〜−22℃は角板状に、−4℃〜−10℃と−22℃以下は角柱状になりやすい。

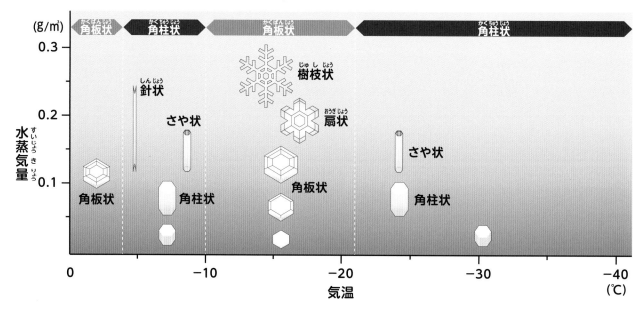

● **成長する結晶**

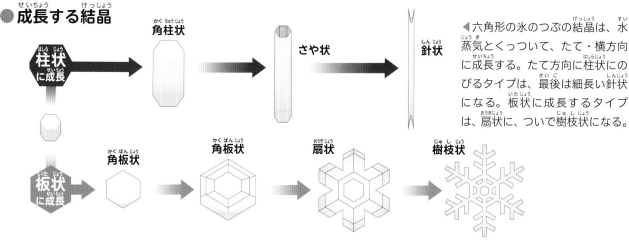

◀六角形の氷のつぶの結晶は、水蒸気とくっついて、たて・横方向に成長する。たて方向に柱状にのびるタイプは、最後は細長い針状になる。板状に成長するタイプは、扇状に、ついで樹枝状になる。

雪の結晶のきほん形　以下に9つの代表的な形をあげる。

①針状　②角柱状　③砲弾状　④角板状　⑤扇状　⑥樹枝状　⑦立体状　⑧鼓状　⑨交差角板状

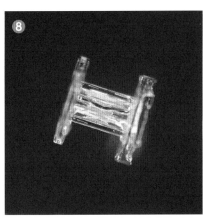

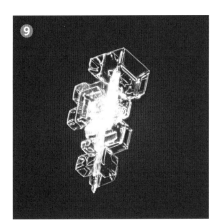

かわった結晶　①雪片　②かさなった結晶　③くっついた結晶

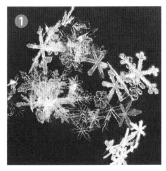

▲雪の結晶がたくさんくっつく。

▲樹枝状どうしがかさなる。

▲小さな結晶がくっつく。

結晶の大きさは
いろいろ。
ルーペをつかって
見てみよう。

25

雪の結晶を観察しよう

　雪の結晶を見つけるには、冬、北海道や本州のスキー場などへ出かけたときに、雪面がきらきらとかがやいているのを見たときがチャンスです。気温が氷点下に冷えこみ、風が弱くなったころをみはからってさがしてみましょう。さらさらとした粉雪にまじっています。雪の結晶が上空からひらひらとまいおりてきて、手ぶくろやマフラー、セーターなどにくっつくこともあります。

　大きさは1～8mmくらいなので、肉眼でも見られますが、虫めがねやルーペをつかうと、細かなもようまでよく見えます。大きな枝のある結晶は雲の中が−15℃くらいのときにできやすく、−10℃くらいだと角柱状に、−5℃くらいだと針状になるようです。

　もちろん平地でも雪の結晶は見られますが、ふってくるあいだに、くっついたり、形がかわったりするので、完全な形で見つけるのはむずかしいのです。

　ちなみに、北海道の大雪山は「雪の結晶の宝庫」とよばれるくらい、雪の結晶にめぐまれているところです。

▲雪の結晶を見つけるには、標高の高いスキー場などがよい。（4月／栃木県奥日光）

▲つもったばかりの雪の表面。雪の結晶がきらきらとかがやいている。（2月／北海道）

☺ Let's Try! 雪の結晶を撮影しよう

　まず青色などのアクリル板を用意する。その上に雪の結晶が落ちてきたら、すぐさまカメラをかまえて撮影する。結晶の細かいところまで写すことができる。スマートフォンでもとれる。ルーペの上におけば、さらに拡大してとることができる。その場合、スマートフォンの画面を見ながらピントを合わせる必要がある。

　観察するときは、黒いフェルトを用意しよう。その上に雪の結晶が落ちてきたら、ルーペで観察する。ペンライトの光をななめ上からあてると、もっときれいに見られる。

▲デジタルカメラと青いアクリル板。マクロ撮影ができるカメラがあるとよい。

▲ルーペの上から、スマートフォンでとる。

▶ルーペとフェルトとペンライト。

 **雪の結晶をつくってみよう**

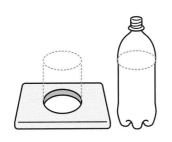

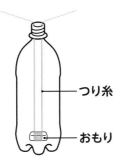

つり糸
おもり

セロハンテープ

1 発泡スチロールの容器のふたに、ペットボトルの直径と同じ大きさのあなをあける。

2 できるだけ細いつり糸に、おもり（消しゴム）をまきつけて、ペットボトルの中にさげる。

3 ペットボトルの中に息をたくさんふきこんで（水蒸気をためて）、セロハンテープでふたをする。つり糸がぴんとのびているように。

ドライアイス

ふたをする

4 容器の中にペットボトルを入れ、まわりにドライアイスをびっしりつめる。かならず軍手をつけるように。

5 容器にふたをして、10〜15分おくと、つり糸に雪の結晶ができる。光をあてると、よく見える。

▲**実験でつくった雪の結晶**
大きな結晶ができたところの温度は、−14℃〜−15℃くらい。

（「平松式人工雪発生装置」より）

 Information 中谷宇吉郎（1900〜1962年）

石川県生まれ。東京帝国大学（現在の東京大学）で学び、卒業後、イギリスの大学に留学。帰国後、北海道帝国大学（北海道大学）の助教授となり、雪の結晶の研究を始める。自然の雪を観察し撮影した3000もの写真をもとに、雪の結晶の分類をおこなった。さらに学内に低温研究室をつくり、人工雪の生成にとりかかる。細い繊維をつるして、結晶を成長させる方法を考え、いろいろためすなか、ウサギの毛の先に人工雪の結晶をつくることに成功した。世界初である。その後、温度や水蒸気の量をかえて、雪の結晶がどのように変化するかを実験し、気象条件と結晶の形との関係をときあかして、ナカヤ・ダイヤグラムを発表した。

ほかにも氷や凍土の研究をおこない、晩年はグリーンランドの氷の研究に力をそそいだ。科学映画『雪の結晶』『霜の華』などをつくったほか、『冬の華』など随筆も多い。「雪は天から送られた手紙である」ということばは有名。

生まれ故郷の石川県加賀市に「中谷宇吉郎雪の科学館」がある。

▲中谷宇吉郎
（提供：中谷宇吉郎記念財団）

27

日本海側に大雪がふるわけ

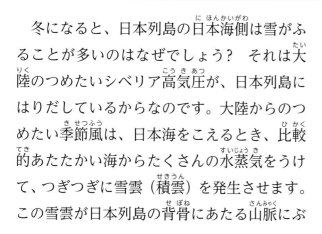

日本海でできた雪雲が、日本海側の海岸平野におしよせる。（1月／富山県）

　冬になると、日本列島の日本海側は雪がふることが多いのはなぜでしょう？　それは大陸のつめたいシベリア高気圧が、日本列島にはりだしているからなのです。大陸からのつめたい季節風は、日本海をこえるとき、比較的あたたかい海からたくさんの水蒸気をうけて、つぎつぎに雪雲（積雲）を発生させます。この雪雲が日本列島の背骨にあたる山脈にぶつかって、積乱雲を発生させ、日本海側に雪をふらせるのです。この地域は豪雪地帯ともよばれ、世界的にもほかに例のないほど、多くの雪がふります。

　いっぽう、日本海側に雪をふらせた雲は、山脈をこえると消えてなくなり、太平洋側の地域にかわいた風（からっ風）をふかせ、晴れの天気をもたらします。

● 日本海側に雪がふるしくみ

日本海でたくさんの水蒸気が上昇して、雲になるんだ。

● 西高東低型の気圧配置

シベリア高気圧が日本列島にはりだし、太平洋の海上にある低気圧にむかって強い風をふきだしている。日本の冬によく見られる気圧配置である。

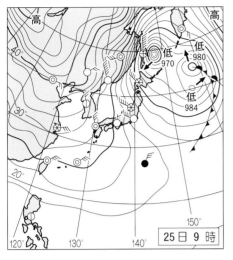

▲ 2018年1月25日の天気図。

（提供：日本気象協会）

▲ 同じ日の衛星画像。日本海の上空にはたくさんの雪雲のすじがならんでいる。つぎつぎに雲ができていることがわかる。（提供：ウェザーマップ）

▲ 街灯の上につもった雪。（2月／新潟県）

▲ 雪でうもれた線路。（1月／新潟県）

強い寒気がおしよせ、雪がはげしくふった金沢市。かみなりをともない、あられもまじっていた。この日の降雪は11cm、翌日は5cm、翌よく日は7cmとふりつづいた。（1月／石川県）

2章

雪はどうしてふるの？

太平洋側に雪をふらせる南岸低気圧

冬の時季の12〜2月にかけて、日本海側は雪のふる日が多いですが、太平洋側では晴れの日が多くなります。ところが西高東低の冬型の気圧配置が弱まり、東シナ海から南岸低気圧とよばれる低気圧が、南の海上を太平洋岸にそってすすんでくることがあります。この低気圧はあたたかくしめった空気が入り、北に寒気があると、西日本や東日本に思わぬ大雪をふらせることがあります。

低気圧が通るコースや、雨や雪をふらせる雲のひろがりかた、上空や地上の気温などにより、雨になるか雪になるかがかわるので、予報するのはむずかしいです。さらに大雪になるかどうかも、気温のわずか1℃の差で大きくかわります。

太平洋側の雪は、比較的気温が高いときにふるので、日本海側の雪にくらべ、水分を多くふくんでいます。しめった重い雪がつもると、ビニールハウスなどがたおれることもあります。また、わずかな雪でも、都心部にふると、道路や鉄道に大きな影響をおよぼします。

近年では、2014年2月8〜9日と14〜15日の二度、関東甲信越地方に大雪をもたらしました。1回目は千葉市で33cmの積雪、2回目は甲府市で114cm、前橋市で73cmの積雪と、いずれも記録的な大雪でした。

▲上空1500m付近の寒気。南岸低気圧が通るとき、上空に北からのつめたい風がふきこんでいて、雪になりやすい。

● **南岸低気圧の移動** 2014年2月14〜15日、南岸低気圧は四国沖から関東付近を、すすんでいった。

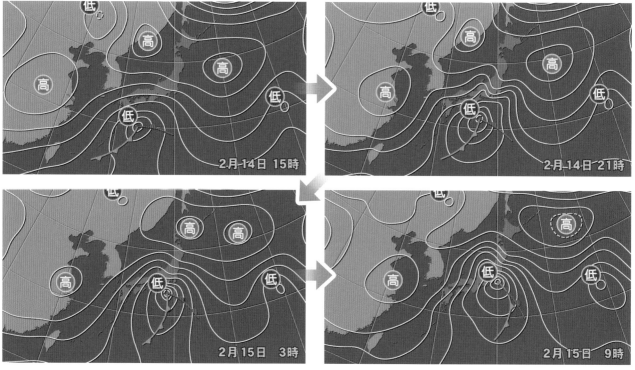

(提供：ウェザーマップ)

▲**関東南部にふった雪**　2014年2月9日。千葉市では33cmもつもり、記録を更新した。除雪車がないので、路地にはしばらく車が入れなかった（写真上）。都心部の電車は運休やおくれがあいついだ。さらに停電もあり、ダイヤがみだれた（写真左）。雪がつもって、屋外のエスカレーターはつかえなくなった（写真右）。（2月／千葉県市川市）

▲**2014年2月14～15日の大雪**　山梨県では除雪がとちゅうでとまり、歩道が通れなくなった。（2月／山梨県）

▲サクラが開花してからふった年もある。3～4月にふる雪は、「春のあわ雪」とよばれ、すぐにとけてしまう。（4月／栃木県日光市）

雪のふりかた、つもりかた

秋から冬になるころ、日本海側では雨まじりの雪（みぞれ）がふりはじめます。みぞれも雪がふくまれているので、「初雪」として記録されます。やがて寒さがましてくると、雪だけがふるようになります。気温が0℃以下だと、雪は直径数mmのさらさらした粉雪になり、気温が0℃をこえ湿度が高いと、雪は直径10mm以上のべたべたしたわた雪やぼたん雪になります。

ある時間内に、あらたにふった雪の深さを「降雪量」といい、cmの単位であらわします。その観測には雪板が便利です。また自然につもって地面をおおっている雪の深さを「積雪深」といい、これもcmであらわします。そ

の観測には雪尺や積雪計をつかいます。

ふりつもった直後の雪（新雪）は、あいだに空気が入っているので、重さは水の3〜15%ほどです。ところが、つもった雪は時間がたつにつれてくっつき、とけたりこおったりして、かたくしまっていきます。みずからの重さもくわわり、どんどんおしかためられていきます。こうして「しまり雪」「ざらめ雪」となり、重さは新雪の10倍にもなります。

▲屋根の上に1mくらいふりつもった雪。（2月／福島県）

● 雪の強さとふりかた

気象庁では、雪の強さとふりかたをつぎのように分けている。「大雪注意報」「大雪警報」「暴風雪警報」は、大雪によって災害がおこるおそれがあるときに出される。

小雪	数時間ふりつづいても、降水量として1mmに達しない雪。
弱い雪	降雪量が1時間あたりおよそ1cmに達しない雪。
強い雪	降雪量が1時間あたりおよそ3cm以上の雪。
大雪	大雪注意報の基準以上の雪。
豪雪	いちじるしい災害が発生した記録的な大雪。
暴風雪	暴風に雪をともなうもの。

（気象庁のホームページより）

● ふりつもった雪の種類と重さ

雪質		雪の状態	1㎡あたりの重さ
新雪	ふったばかりの雪	雪の結晶がのこっている。	30〜150kg
こしまり雪	ふりつもってややかたい雪	雪の結晶はほとんどのこっていない。しまり雪にはなっていない。腰までもぐる。	100〜250kg
しまり雪	雪の重みでかたくしまった雪	こしまり雪がさらに圧縮されてできた、まるみのある氷のつぶ。つぶは網目状につながり、じょうぶである。	150〜500kg
ざらめ雪	氷のつぶのようにざらざらした雪	水をふくんだ大つぶのまるい氷。雪がふたたびこおって、大きなまるいつぶがつらなったもの。	200〜500kg

（日本雪氷学会ホームページより）

● 雪板と雪尺

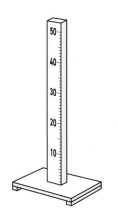
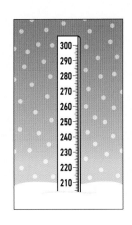

▲雪板（左）はcm目もりをつけた白い柱で、ある時間内につもった降雪量をはかる。雪のつもった深さを読みとったあと、雪板の上の雪をはらいのけておく。右図は雪尺で、地面からつもった雪の深さ（積雪深）をはかるのにつかう。

▶**超音波式積雪計** 超音波を雪面にむけて発射し、雪面に反射してもどるまでの時間から、雪の深さをはかる。（3月／青森県酸ヶ湯）

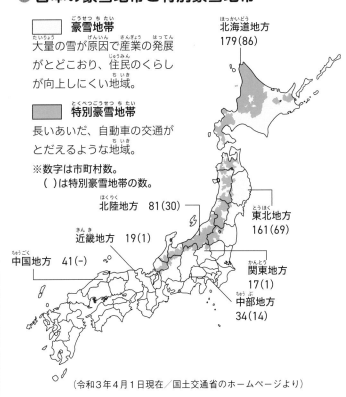

● 新潟と東京の降雪日数の月別平年値
（1991〜2020年の平均値）

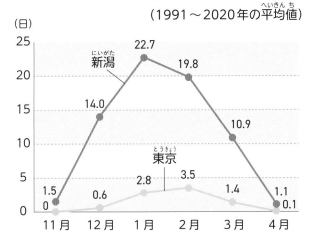

（日）

新潟：1.5（11月）、14.0（12月）、22.7（1月）、19.8（2月）、10.9（3月）、1.1（4月）

東京：0（11月）、0.6（12月）、2.8（1月）、3.5（2月）、1.4（3月）、0.1（4月）

● 日本の豪雪地帯と特別豪雪地帯

□ **豪雪地帯**
大量の雪が原因で産業の発展がとどこおり、住民のくらしが向上しにくい地域。

■ **特別豪雪地帯**
長いあいだ、自動車の交通がとだえるような地域。

※数字は市町村数。
（　）は特別豪雪地帯の数。

北海道地方 179（86）

東北地方 161（69）

北陸地方 81（30）

近畿地方 19（1）

中国地方 41（-）

関東地方 17（1）

中部地方 34（14）

（令和3年4月1日現在／国土交通省のホームページより）

◀立山黒部アルペンルートの「雪の大谷」 ここは風が弱いため雪がつもりやすく、さらにほかの場所でつもった雪がふきとばされてたまるため、10mをこえる積雪となる。（5月／富山県立山）

雪国のくらしと災害

屋根につもった雪の重さはどのくらいでしょう？ たとえば40㎡の屋根に雪が50cmつもったとすると、雪の重さは1000〜2000kgになります。この雪が時間とともにかたくなり、さらにその上にふりつもったりすると、その何倍もの重さになります。

このままにしておくと、家は雪の重さでつぶれてしまいます。そのため、雪国では屋根から雪を落とす雪おろしの作業がかかせません。ところが、この作業中にすべりおちる事故がしばしばおこります。屋根から雪がすべりおちてきて、通行人に直撃する事故もたえません。

何日も雪がふりつづくと、鉄道や道路をふさぎ、交通をまひさせることもしばしば。鉄道関係者は深夜の電車が通らない時間に除雪車を走らせ、つもった雪をのぞきます。また道路管理者は、早朝から除雪車を走らせ、道路の雪をのぞきます。しかしながら、それをこえる大雪がふると、鉄道や道路がストップし、孤立する集落も出てきます。

山腹にふりつもった雪が、山の斜面をくずれおちる現象を「なだれ」といいます。発生のしかたによって、表層なだれと全層なだれに分けられます。雪国のなかでも、とくに山間部では、なだれへの注意が必要です。

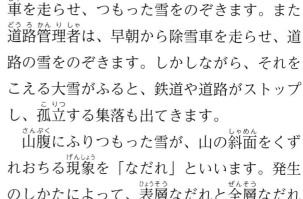

▲道路につもった雪をのぞく除雪車。朝早くから作業を開始する。（1月／秋田県横手市）

▲雪おろしの作業。豪雪地帯では、雪が屋根につもるたびに、雪おろしをする。（1月／秋田県横手市）

▲落雪。駅の屋根から雪が落ちてきた。（2月／山梨県）

▲大雪の中を走る電車。（1月／秋田県横手市）

表層なだれ

▲ 2006年4月、新潟県の道路ぞいで発生。厚さ1.5〜2m、幅約60m、長さ約70m。
（提供：町田建設）

●表層なだれがおこりやすいところ

雪庇

◀ 急な傾斜がある斜面で、雪庇やふきだまりがあるところ。

●表層なだれのしくみ

結合の弱い雪の層がくずれて、新しくつもった雪といっしょにすべりおちる。時速100〜200km。

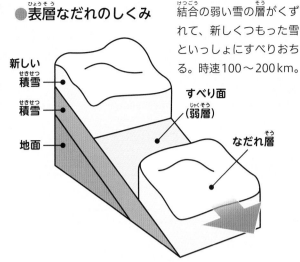

新しい積雪
積雪
地面
すべり面（弱層）
なだれ層

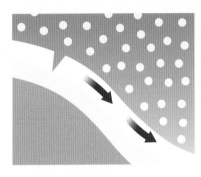

◀ 気温がひくく、かなりの積雪があったあと、多量の降雪があったとき。

全層なだれ

▲ 2021年2月、山形県で発生。斜面の傾斜約35度、幅約100m、長さ約160m。
（提供：防災科学技術研究所）

●全層なだれがおこりやすいところ

●全層なだれのしくみ

地表につもった雪が、そのまま地表からすべりおちる。時速40〜80km。

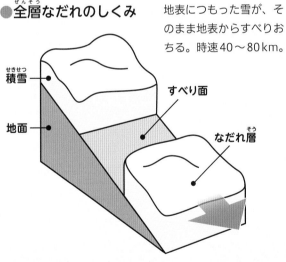

積雪
地面
すべり面
なだれ層

なだれ
発生地点

▲ かつてなだれが発生したことのある斜面や山腹。

▲ 気温があがった春先、雨のあとやフェーン現象がおこったとき。

▲ 斜面に積雪の亀裂が発生しているとき。

3章 氷はどうしてできる?

氷ができるしくみ

氷は水が0℃になったときできはじめるといいますが、どのようにして水は氷になるのでしょうか? 自然界では水や水蒸気がこおってできる、さまざまな氷の現象を見つけることができます。

たとえば冷えこんだ冬の朝、外に出ると水たまりや池の表面に氷がはっています。池では水温が0℃以下になったときに、まわりの岸からこおりはじめ、池の中心にむかって枝がひろがるように、あるいは面がひろがるように、氷が成長していきます。

ひろがるとちゅうで氷どうしがぶつかると、もりあがることがあります。また、夜中にはった氷は、気温がさがって体積がちぢむと、われ目が入ります。湖ではこのわれ目に

うすくできた氷が、まわりの氷におされてもりあがることがあります。うすくはった氷がわれて、波があたってべつの氷の上にうちあげられることもあります。気温の変化や風により、氷のはりかたはさまざまにかわります。

▲**水たまりにできた氷** 氷はまわりのはしからこおりはじめる。水面は中心にむかってさがっていき、しまもようができる。(1月/茨城県)

沼にはった氷 沼の岸から中心にむかって氷がひろがっていく。氷はとちゅうでぶつかりあって、でこぼこの面ができる。まるで幾何学もようのようだ。(1月/千葉県手賀沼)

●諏訪湖の御神渡り

▲長野県の諏訪湖では、気温が－10℃の日が2～3日つづくと、湖全体にはった氷がわれて、そのあいだからうすい氷がおしだされる現象が見られる。これは、神様がわたったあとだとして「御神渡り」とよばれる。（2月／長野県諏訪湖）

御神渡りができるしくみ

寒さがつづいて湖全体に氷がはる。

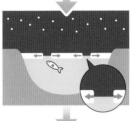

夜、冷えこんで氷がちぢむと、われ目ができる。

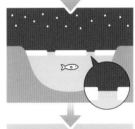

われ目にうすい氷がはる。

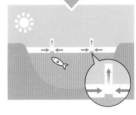

気温があがり、氷がふくらむと、うすい氷が上におしだされる。

☀ Let's Try! バケツで氷をつくってみよう

「明日の朝は冷えこみそうだ」という予報があったら、その夜、水を入れたバケツを家の外に出しておこう。気温が0℃くらいにさがると、表面からうすい氷がはっていく。少しでこぼこしているが、平らな面だ。ところがうらを見ると、雪の結晶で見られるようなふしぎなもようができている。そのもようは、毎回ちがうのでおもしろい。

▲バケツに水を入れ、家の外に出しておく。晴れて風のない夜間、気温がさがり、水が冷えて、氷ができる。

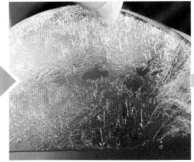

▲氷を取りあげて、うら面を見ると、いろいろなもようが見られる。

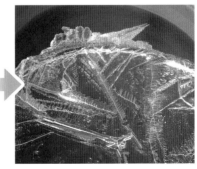

▲うら面には、のこぎりのような形をした氷が、底にむかってのびていることもある。（12月／千葉県）

水が流れてできる氷

　雪がつもったあと、屋根から棒のような氷の柱がぶらさがっているのを見たことがあるでしょう。これは「つらら」といって、雪国ではよく見られます。

　つららは屋根の雪がとけてできます。暖房などで部屋をあたためた熱により、屋根の雪がとけて水ができます。この水は軒先から落ちようとするとき、0℃以下の空気にふれて、小さな氷となって軒先にくっつきます。このあともとけた水は、この氷の外側をくだりながらこおっていきます。小さな氷はたてに長くなり、横に太くなって、少しずつ成長します。こうして、つららができ、ときには長さ1m以上になることもあります。

　つららは、地中からしみだしてきたわき水が、0℃以下の空気にふれることによってもできます。滝を落ちる水のしぶきがこおってつららをつくり、やがて大きなつららになることもあります。

● つららのできかた

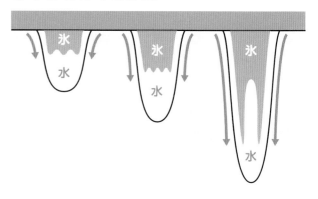

▲落ちてきた水が軒先などにこおりつく。あとから落ちてきた水が、そのまわりにこおりついて、さらに長くなる。

▲**屋根のつらら**　屋根につもった雪がとけて、軒先でこおってつららができる。写真のつららは長さ50cmくらい。（3月／栃木県）

▲**わき水のつらら** 地中からしみだしてきたわき水がこおって、つららができる。川を流れおちる水によっても、つららはできる。（1月／千葉県梅ヶ瀬渓谷）

▲**滝のつらら** 滝の水しぶきがあたるところにつららができ、もっと寒いときは滝までこおらせてしまう。（1月／茨城県月待の滝）

▲**洞窟のつらら** 標高の高いところにある溶岩洞窟内は気温がひくいので、つららができやすい。（3月／山梨県鳴沢氷穴）

▲**しぶき氷** 水しぶきが強い風により飛ばされて、草にぶつかり、こおりついた。（1月／栃木県中禅寺湖）

 Information **霜柱のできかた**

冷えこんだ冬の朝、庭先の木かげなどでよく見かける霜柱。地中から、針のような細長い氷が柱状にのびている。これは地面の水分が、0℃以下になった空気にふれてこおりはじめ、この氷にむかって地中から水分があがっていき（毛細管現象）、霜柱がどんどん上へのびてできたものだ。

▶どんぐりをもちあげる霜柱。

▲霜柱ができるのは、水分をたくわえた土があり、冬の朝の気温が0℃近くになるところ。霜柱は、地面をもりあげることもある。

● **霜柱のできかた**

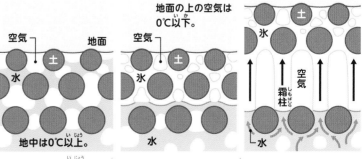

1 地中は0℃以上。

2 地面の近くで氷ができる。

3 水が上にあがっていき、こおりつく。

空からふってくる氷

ひょう　大つぶの雨にまじってふるので、気がつきにくいが、窓などにあたると、バタバタという音がする。（8月／千葉県）

　空からふってくる氷には、あられ（雪あられ、氷あられ）、ひょう、凍雨などがあります。雪やみぞれ（雨まじりの雪）もそのなかまです。

　雪が生まれた雲の中で、雪の結晶に雲の水滴がこおりついてふってくるのが雪あられです。また、とけて落ちるとちゅうで強い上昇気流にあい、ふたたび高い空にもちあげられ、冷やされて直径2～5mmの氷のつぶとなって落ちてくるのが、氷あられです。

　氷あられのなかでも、雲の中で何度か上昇と下降をくりかえし、直径5mm以上の大きな氷のつぶとなって落ちてくるのが、ひょ

うです。まれに直径10cmをこえるものもあり、大つぶの雨とまじってふってくることもあるので、注意が必要です。

　冬の関東地方などでは、直径1～2mmの凍雨が見られます。ふってきた雨がひくい空に入ってきた0℃以下の空気にふれ、氷のつぶになったものです。

　また、－10℃以下の寒い地域では、ダイヤモンドダストを見ることができます。地表近くで空気中の水蒸気がこおって、直径0.5mmくらいの小さな氷のつぶとなってゆっくりふってきます。

●あられ、ひょうがふるしくみ

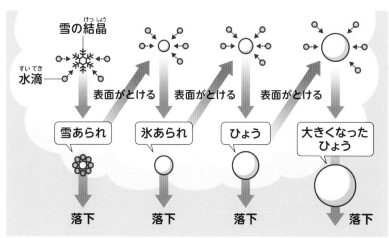

●ひょうの落下速度

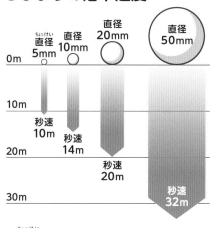

▲直径50mmだと秒速32m、つまり時速は115kmだ。

▲**地面に落ちたひょう** 直径10〜20mm。（5月／東京都）

▲**雪あられ** 幅2〜4mm。雪の結晶に水滴がたくさんこおりついてできる。（1月／東京都）

▲**ひょうの断面** 積乱雲の中を何度も上下しながら、外側に氷の層をふやして大きくなる。（4月／宮城県）

▲**氷あられ** 直径2〜5mm。雪あられが少しとけたあとに冷やされて、氷のつぶとなって落ちてきたもの。（3月／栃木県）

▲**凍雨** 直径1〜2mmの球形の氷。落ちてきた雨が、とちゅうの0℃以下の空気とふれてこおったもの。（1月／千葉県）

▲**ダイヤモンドダスト** 水蒸気がこおり、太陽の光をうけてかがやきながらまいおりる。氷のつぶは、光を反射させるだけでなく、つぶの中で屈折させるので、ときどき色がついて見える。（3月／栃木県）

いろいろなところにつく氷

風がない晴れた日の夜は、地面が冷えこみます。秋から春にかけて、地面の近くの温度が0℃以下になると、空気中の水蒸気がこおって霜となり、地面や草木の枝や葉など、出っぱったところにくっつきます。一度、霜がついたところに、さらに水蒸気がこおりついて、霜が成長します。

白い花のように大きくなった霜は、フロストフラワーとよばれます。川や湖の近く、または温泉地など、空気中にたくさんの水蒸気をふくむところで、よく見られます。

霜は窓ガラスにも、よくつきます。外側につくときは、草木につくのと同じで、空気中の水蒸気がこおりついたものです。内側につくときは、室内の水蒸気が窓にくっついて水になったあと、こおったものです。

雪国に行くと、白い氷がエビのしっぽのように木の枝などについているのをよく見かけます。これが樹氷です。風によって飛ばされてきた空気中の過冷却水滴（0℃以下になってもこおらずにいる小さな水滴）が、木の幹や枝などにくっついてこおりついたもので、風上にむかってのびていきます。そのあいだに雪がふきつけて、樹木全体が氷と雪につつまれ、白い大きなかたまりができます。これはアイスモンスターとよばれています。

▲地面につく霜　空気中の水蒸気がこおって、土のもりあがったところについたもの。（1月／千葉県）

▲草につく霜　先から根元まで草全体についた。（1月／千葉県）

▲葉につく霜　葉のまわりにつきやすい。（12月／千葉県）

寒い朝、外に出るといろいろなところに霜がついているのを見つけられるよ。どんな形をしているか観察してみよう。

▲フロストフラワー　わき水の流れから出た水蒸気がこおりついて、花びらのような形になった。（2月／北海道）

▲**窓の外側についた霜** 冷えこんだ朝、車のフロントガラスの外側に、水蒸気がこおりついてできた。（12月／千葉県）

▲**窓の内側についた霜** 車のフロントガラスの内側についたつゆがこおって、結晶のもようになった。（2月／千葉県）

●樹氷のできかた

◀風によって飛ばされてきた過冷却水滴が、木などにくっついてこおりつく。風がふいてくる方向にのびていく。

◀**アオモリトドマツの葉についた樹氷** 冬の季節風がふきつける奥羽山脈でよく見られる。（2月／山形県蔵王地蔵岳）

アイスモンスター 気温が－10℃から－15℃で、風が強いとき、雪が樹氷のあいだにふきつけて成長し、大きなかたまりとなった。（2月／山形県蔵王地蔵岳）

資料編

ここには、雪と雨の記録をのせました。「積雪の最深記録」上位15に入っているのは、ほとんどが日本海側の地域で、新潟県が多いのがわかります。年代を見ると、15の地域のうち7地域が2000年以降です。

「降雪日数の月別平年値」には、日本海側のおもな地域と、太平洋側の東京、大阪など、あわせて20地域をのせました。雪がふらない月が夏のあいだなど一年のうち4か月しかない地域や、1月はほとんど毎日雪がふっている地域があります。

「降水量の月別平年値」では、冬は太平洋側の地域に降水量が少なく、日本海側の地域に多いことがわかります。また、6〜7月の梅雨の時期、九州は極端に多く、北海道は少ないです。

積雪の最深記録
（統計開始から2020年まで。各地点の観測史上1位の値をつかってランキング）

順位	地点	日付	積雪
1位	伊吹山（滋賀県）	1927年2月14日	1182cm
2位	酸ヶ湯（青森県）	2013年2月26日	566cm
3位	守門（新潟県）	1981年2月9日	463cm
4位	肘折（山形県）	2018年2月13日	445cm
5位	津南（新潟県）	2006年2月5日	416cm
6位	十日町（新潟県）	1981年2月28日	391cm
7位	高田（新潟県）	1945年2月26日	377cm
8位	小出（新潟県）	1981年2月28日	363cm
9位	関山（新潟県）	1984年3月1日	362cm
10位	湯沢（新潟県）	2006年1月28日	358cm
11位	野沢温泉（長野県）	1984年3月22日	353cm
12位	安塚（新潟県）	1984年3月8日	350cm
13位	大井沢（山形県）	2000年3月1日	348cm
14位	只見（福島県）	2013年2月25日	341cm
15位	桧枝岐（福島県）	2015年2月15日	339cm

（気象庁ホームページより）

注：地図中の〇つき数字は、44〜45ページの表中の「地点」をしめしています。

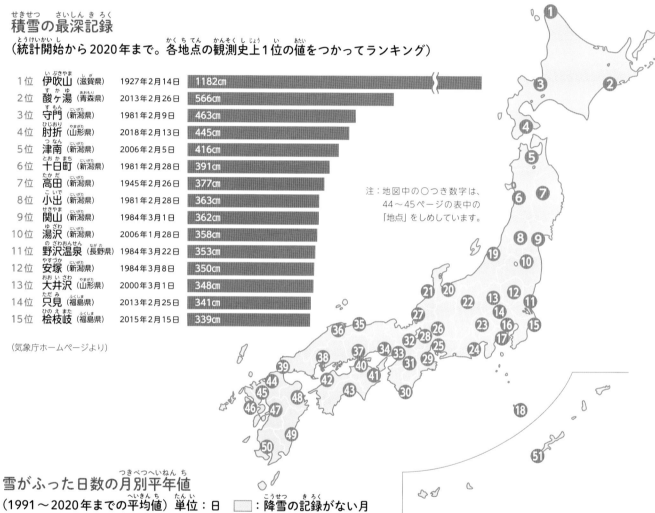

雪がふった日数の月別平年値
（1991〜2020年までの平均値）単位：日　□：降雪の記録がない月

No.	地点	1月	2月	3月	4月	5月	6〜9月	10月	11月	12月	年
1	稚内	30.4	26.0	24.3	12.6	2.1		3.8	20.5	28.5	147.9
2	釧路	14.3	13.9	15.1	9.8	1.4		1.0	5.7	12.6	74.3
3	札幌	29.1	25.2	22.5	6.7	0.1		0.9	13.5	26.8	124.4
5	青森	29.6	26.1	22.1	5.7			0.2	10.2	26.0	119.5
6	秋田	28.7	25.3	19.0	3.8				7.7	24.8	108.9
7	盛岡	27.3	23.3	20.1	6.9	0.1		0.2	8.7	24.4	111.0
8	山形	28.1	23.7	19.6	4.6				6.1	23.7	105.7
9	仙台	20.6	17.1	11.2	1.7	0.1			1.8	13.3	65.6
10	福島	25.4	21.3	15.9	2.8				3.3	18.3	87.0
16	東京	2.8	3.5	1.4	0.1					0.6	8.5
19	新潟	22.7	19.8	10.9	1.1				1.5	14.0	69.9
20	富山	23.4	19.4	12.1	1.8				0.6	13.1	71.8
21	金沢	22.7	19.2	12.7	2.5				1.5	14.5	73.9
22	長野	24.0	20.1	15.6	3.2				3.6	19.0	85.6
27	福井	23.2	19.5	11.3	1.5				0.6	13.2	69.2
33	大阪	4.7	5.5	1.9						1.8	13.9
35	鳥取	18.7	16.2	8.4	0.4				0.3	10.7	54.7
36	松江	18.2	14.3	6.6	0.4				0.4	9.8	50.5
42	松山	6.9	5.5	1.7						4.1	18.3
50	鹿児島	2.1	1.6	0.4						0.8	4.9

（気象庁ホームページより）

降水量の月別平年値 (1991〜2020年までの平均値) 単位：mm

No.	地 点	1月	2月	3月	4月	5月	6月	7月	8月	9月	10月	11月	12月	年
1	稚内 （わっかない）	84.6	60.6	55.1	50.3	68.1	65.8	100.9	123.1	136.7	129.7	121.4	112.9	1109.2
2	釧路 （くしろ）	40.4	24.8	55.9	79.4	115.7	114.2	120.3	142.3	153.0	112.7	64.7	56.6	1080.1
3	札幌 （さっぽろ）	108.4	91.9	77.6	54.6	55.5	60.4	90.7	126.8	142.2	109.9	113.8	114.5	1146.1
4	函館 （はこだて）	77.4	64.5	64.1	71.9	88.9	79.8	123.6	156.5	150.5	105.6	110.8	94.6	1188.0
5	青森 （あおもり）	139.9	99.0	75.2	68.7	76.7	75.0	129.5	142.0	133.0	119.2	137.4	155.2	1350.7
6	秋田 （あきた）	118.9	98.5	99.5	109.9	125.0	122.9	197.0	184.6	161.0	175.5	189.1	159.8	1741.6
7	盛岡 （もりおか）	49.4	48.0	82.1	85.4	106.5	109.4	197.5	185.4	151.7	108.7	85.6	70.2	1279.9
8	山形 （やまがた）	87.8	63.0	72.1	63.9	74.5	104.8	187.2	153.0	123.8	105.1	74.4	97.2	1206.7
9	仙台 （せんだい）	42.3	33.9	74.4	90.2	110.2	143.7	178.4	157.8	192.6	150.6	58.7	44.1	1276.7
10	福島 （ふくしま）	56.2	41.1	75.7	81.8	88.5	121.2	177.7	151.3	167.6	138.7	58.4	48.9	1207.0
11	水戸 （みと）	54.5	53.8	102.8	116.7	144.5	135.7	141.8	116.9	186.3	185.4	79.7	49.6	1367.7
12	宇都宮 （うつのみや）	37.5	38.5	87.7	121.5	149.2	175.2	215.4	198.5	217.2	174.4	71.1	38.5	1524.7
13	前橋 （まえばし）	29.7	26.5	58.3	74.8	99.4	147.8	202.1	195.6	204.3	142.2	43.0	23.8	1247.4
14	熊谷 （くまがや）	36.5	32.3	69.0	90.7	115.1	149.5	169.8	183.3	198.2	177.1	53.5	30.9	1305.8
15	銚子 （ちょうし）	105.5	90.5	149.1	127.3	135.8	166.2	128.3	94.9	216.3	272.5	133.2	92.9	1712.4
16	東京 （とうきょう）	59.7	56.5	116.0	133.7	139.7	167.8	156.2	154.7	224.9	234.8	96.3	57.9	1598.2
17	横浜 （よこはま）	64.7	64.7	139.5	143.1	152.6	188.8	182.5	139.0	241.5	240.4	107.6	66.4	1730.8
18	八丈島 （はちじょうじま）	201.7	205.5	296.5	215.2	256.7	390.3	254.1	169.5	360.5	479.1	277.4	200.2	3306.6
19	新潟 （にいがた）	180.9	115.8	112.0	97.2	94.4	121.1	222.3	163.4	151.9	157.7	203.5	225.9	1845.9
20	富山 （とやま）	259.0	171.7	164.6	134.5	122.8	172.6	245.6	207.0	218.1	171.9	224.8	281.6	2374.2
21	金沢 （かなざわ）	256.0	162.6	157.2	143.9	138.0	170.3	233.4	179.3	231.9	177.1	250.8	301.1	2401.5
22	長野 （ながの）	54.6	49.1	60.1	56.9	69.3	106.1	137.7	111.8	125.5	100.3	44.4	49.4	965.1
23	甲府 （こうふ）	42.7	44.1	86.2	79.5	85.4	113.4	148.8	133.1	178.7	158.5	52.7	37.6	1160.7
24	静岡 （しずおか）	79.6	105.3	207.1	222.2	215.3	268.9	296.6	186.5	280.6	250.3	134.2	80.7	2327.3
25	名古屋 （なごや）	50.8	64.7	116.2	127.5	150.3	186.5	211.4	139.5	231.6	164.7	79.1	56.6	1578.9
26	岐阜 （ぎふ）	65.9	77.5	132.4	162.4	192.6	223.7	270.9	169.5	242.7	161.6	87.1	74.5	1860.7
27	福井 （ふくい）	284.9	167.7	160.7	137.2	139.1	152.8	239.8	150.7	212.9	153.8	196.1	304.0	2299.6
28	彦根 （ひこね）	112.0	99.6	114.9	117.3	146.9	175.6	219.0	124.6	167.7	140.7	85.8	105.9	1610.0
29	津 （つ）	48.5	57.1	104.5	129.0	167.3	201.8	173.9	144.5	276.6	186.1	76.4	47.2	1612.9
30	潮岬 （しおのみさき）	97.7	118.2	185.5	212.3	236.7	364.7	298.4	260.3	339.2	286.6	152.0	102.9	2654.3
31	奈良 （なら）	52.4	63.1	105.1	98.9	138.5	184.1	173.5	127.9	159.0	134.7	71.2	56.8	1365.1
32	京都 （きょうと）	53.3	65.1	106.2	117.0	151.4	199.7	223.6	153.8	178.5	143.2	73.9	57.3	1522.9
33	大阪 （おおさか）	47.0	60.5	103.1	101.9	136.5	185.1	174.4	113.0	152.8	136.0	72.5	55.5	1338.3
34	神戸 （こうべ）	38.4	55.6	94.2	100.6	134.7	176.7	187.9	103.4	157.2	118.0	62.4	48.7	1277.8
35	鳥取 （とっとり）	201.2	154.0	144.3	102.2	123.0	146.0	188.6	128.6	225.4	153.6	145.9	218.4	1931.3
36	松江 （まつえ）	153.3	118.4	134.0	113.0	130.3	173.0	234.1	129.6	204.1	126.1	121.6	154.5	1791.9
37	岡山 （おかやま）	36.2	45.4	82.5	90.0	112.6	169.3	177.4	97.2	142.2	95.4	53.3	41.5	1143.1
38	広島 （ひろしま）	46.2	64.0	118.3	141.0	169.8	226.5	279.8	131.4	162.7	109.2	69.3	54.0	1572.2
39	下関 （しものせき）	80.0	75.9	121.2	130.4	154.2	253.6	309.4	190.0	162.6	83.7	81.9	69.1	1712.3
40	高松 （たかまつ）	39.4	45.8	81.4	74.6	100.9	153.1	159.8	106.0	167.4	120.1	55.0	46.7	1150.1
41	徳島 （とくしま）	41.9	53.0	87.8	104.3	146.6	192.6	177.0	193.0	271.2	199.5	89.2	63.9	1619.9
42	松山 （まつやま）	50.9	65.7	105.1	107.3	129.5	228.7	223.5	99.0	148.9	113.0	71.3	61.8	1404.6
43	高知 （こうち）	59.1	107.8	174.8	225.3	280.4	359.5	357.3	284.1	398.1	207.5	129.6	83.1	2666.4
44	福岡 （ふくおか）	74.4	69.8	103.7	118.2	133.7	249.6	299.1	210.0	175.1	94.5	91.4	67.5	1686.9
45	佐賀 （さが）	54.1	77.5	120.6	161.7	182.9	327.0	366.8	252.4	169.3	90.1	89.4	59.5	1951.3
46	長崎 （ながさき）	63.1	84.0	123.2	153.0	160.5	335.9	292.7	217.9	186.6	102.1	100.7	74.8	1894.7
47	熊本 （くまもと）	57.2	83.2	124.8	144.9	160.9	448.5	386.8	195.4	172.6	87.1	84.4	61.2	2007.0
48	大分 （おおいた）	49.8	64.1	99.2	119.7	133.6	313.6	261.3	165.7	255.2	144.8	72.9	47.1	1727.0
49	宮崎 （みやざき）	72.7	95.8	155.7	194.5	227.6	516.3	339.3	275.5	370.9	196.7	105.7	74.9	2625.5
50	鹿児島 （かごしま）	78.3	112.7	161.0	194.9	205.2	570.0	365.1	224.3	222.9	104.6	102.5	93.2	2434.7
51	那覇 （なは）	101.6	114.5	142.8	161.0	245.3	284.4	188.1	240.0	275.2	179.2	119.1	110.0	2161.0

（気象庁ホームページより）

さくいん

丸つき数字は巻数，あとの数字はページ数をあらわします。

●監修

武田康男（たけだ・やすお）

空の探検家、気象予報士、空の写真家。日本気象学会会員。日本自然科学写真協会
理事。大学客員教授・非常勤講師。千葉県出身。東北大学理学部地球物理学科卒業。
元高校教諭。第50次南極地域観測越冬隊員。主な著書に『空の探検記』（岩崎書店）、
『雲と出会える図鑑』（ベレ出版）、『楽しい雪の結晶観察図鑑』（緑書房）などがある。

菊池真以（きくち・まい）

気象予報士、気象キャスター、防災士。茨城県龍ケ崎市出身。慶應義塾大学法学部
政治学科卒業。これまでの出演に『NHKニュース7』『NHKおはよう関西』など。
著書に『ときめく雲図鑑』（山と溪谷社）、共著に『雲と天気大事典』（あかね書房）
などがある。

●写真・画像提供

ウェザーマップ　菊池真以　武田康男　中谷宇吉郎記念財団　日本気象協会
防災科学技術研究所　町田建設

●参考文献

武田康男／文・写真『虹の図鑑』（緑書房）

武田康男／文・写真『楽しい雪の結晶観察図鑑』（緑書房）

武田康男／文・写真『雪と氷の図鑑』（草思社）

中谷宇吉郎著『雪』（岩波文庫）

樋口敬二編『中谷宇吉郎随筆集』（岩波文庫）

気象庁ホームページ

国土交通省ホームページ

日本雪氷学会ホームページ

●協力　田中千尋（お茶の水女子大学附属小学校教諭）

●装丁・本文デザイン　株式会社クラップス（佐藤かおり）

●イラスト　本多翔

●校正　吉住まり子

気象予報士と学ぼう！　天気のきほんがわかる本

❸　雨・雪・氷　なぜできる？

発行　2022年4月　第1刷

文　　　：吉田忠正
監　修　：武田康男　菊池真以
発行者　：千葉 均
編　集　：原田哲郎
発行所　：株式会社ポプラ社
　　　　　〒102-8519　東京都千代田区麹町4-2-6
ホームページ：www.poplar.co.jp（ポプラ社）
　　　　　kodomottolab.poplar.co.jp（こどもっとラボ）
印刷・製本：瞬報社写真印刷株式会社

Printed in Japan
ISBN978-4-591-17275-9 / N.D.C. 451/ 47P / 29cm
©Tadamasa Yoshida 2022

気象予報士と学ぼう！

天気のきほんがわかる本

全6巻

吉田忠正／文
武田康男・菊池真以／監修

添藤多代子／文
武田康男・菊池真以／監修

吉田忠正／文
武田康男・菊池真以／監修

添藤多代子／文
武田康男・菊池真以／監修

添藤多代子／文
武田康男・菊池真以／監修

吉田忠正／文
武田康男・菊池真以／監修

小学中学年〜高学年向き

N.D.C.451　各47ページ
A4変型判　オールカラー
図書館用特別堅牢製本図書